MathStart®

洛克数学启蒙 ❸

MathStart®
洛克数学启蒙 3

地球日，万岁

[美]斯图尔特·J. 墨菲 文　　[美]雷尼·安德里亚尼 图　　静博 译

海峡出版发行集团 THE STRAITS PUBLISHING & DISTRIBUTING GROUP ｜ 福建少年儿童出版社 FUJIAN CHILDREN'S PUBLISHING HOUSE

位值

献给马克·麦维克——为他的地球日提议高呼万岁。

——斯图尔特·J.墨菲

献给斯图尔特，理所当然。

——雷尼·安德里亚尼

EARTH DAY—HOORAY!

Text Copyright © 2004 by Stuart J. Murphy

Illustration Copyright © 2004 by Renée Andriani

Published by arrangement with HarperCollins Children's Books, a division of HarperCollins Publishers through Bardon-Chinese Media Agency

Simplified Chinese translation copyright © 2023 by Look Book (Beijing) Cultural Development Co., Ltd.

ALL RIGHTS RESERVED

著作权合同登记号：图字 13-2023-038号

图书在版编目（CIP）数据

洛克数学启蒙. 3. 地球日，万岁 / (美) 斯图尔特
·J.墨菲文；(美) 雷尼·安德里亚尼图；静博译. --
福州：福建少年儿童出版社，2023.9
ISBN 978-7-5395-8238-2

Ⅰ.①洛… Ⅱ.①斯… ②雷… ③静… Ⅲ.①数学 -
儿童读物 Ⅳ.①O1-49

中国国家版本馆CIP数据核字(2023)第074363号

LUOKE SHUXUE QIMENG 3·DIQIU RI, WANSUI
洛克数学启蒙3·地球日，万岁

著　　者：[美]斯图尔特·J.墨菲　文　[美]雷尼·安德里亚尼　图　静博　译
出 版 人：陈远　出版发行：福建少年儿童出版社　http://www.fjcp.com　e-mail:fcph@fjcp.com　社址：福州市东水路76号17层（邮编：350001）
选题策划：洛克博克　责任编辑：曾亚真　助理编辑：赵芷晴　特约编辑：刘丹亭　美术设计：翠翠　电话：010-53606116（发行部）　印刷：北京利丰雅高长城印刷有限公司
开　　本：889 毫米×1092 毫米　1/16　印张：2.5　版次：2023 年 9 月第 1 版　印次：2023 年 9 月第 1 次印刷　ISBN 978-7-5395-8238-2　定价：24.80 元

地球日，万岁

"这地方可太乱了。"瑞安说。

"所以我们才来这儿清理垃圾。"卡莉说，"快点，行动起来吧！"

枫叶街学校的"拯救地球"俱乐部正在打扫吉罗伊公园，这儿是今年地球日庆祝活动的举办地。

他们捡起糖果包装纸、皱巴巴的报纸、空咖啡杯、旧传单、破网球，还有很多铝制易拉罐。

4

回收利用和堆肥处理可以减少垃圾被填埋或焚烧，从而减轻空气污染。

"你看，"瑞安接着说，"即便我们把公园
清理干净了，这里看起来还是不够漂亮。我觉得
应该在入口处种上一些鲜花。"

吉罗伊公园只有一些树和草地——仅此而已。

"与其扔掉这些铝制易拉罐，不如把它们送到废品回收中心，"瑞安继续说道，"那样我们就能换到一些钱，也许就够用来买花栽在这里了。"

俱乐部的指导老师沃森非常赞同瑞安的这个主意，她说："如果你们能攒到 5 000 个铝制易拉罐，就能换到足够多的钱买一些漂亮的花回来。"

"我觉得我们找不到那么多易拉罐呀。"卢克说。

企业每年会花费大约10亿美元向回收中心购买铝。

俱乐部成员将捡来的所有铝制易拉罐进行整理。瑞安、卡莉和卢克在每个小袋子里装了 10 个易拉罐。当装满 10 个小袋子时，他们就会把这 10 个小袋子装进一个大袋子，因此每个大袋子里装了 100 个易拉罐，这样方便统计数量。

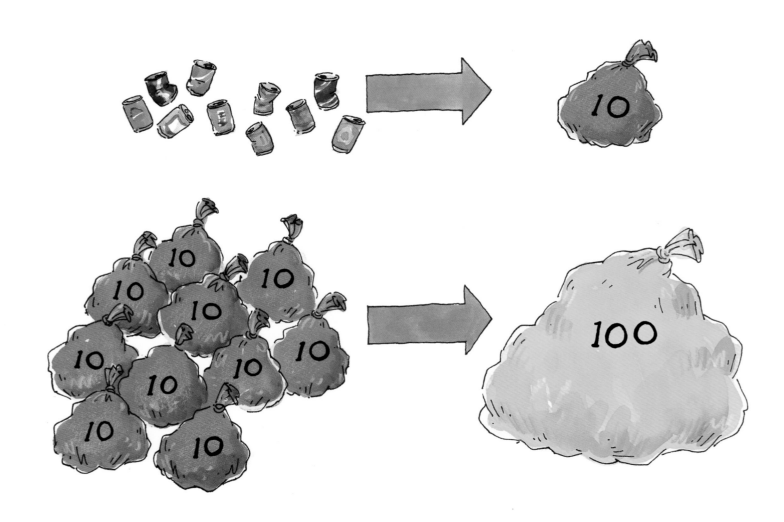

他们一共装满了 3 个大袋子，5 个小袋子，还余下 9 个易拉罐。
他们把袋子放在了垃圾桶旁，打算让沃森老师傍晚时把它们全部带走。

但是第二天早上到了学校，沃森老师叫来瑞安、卡莉和卢克。

"一个坏消息，"沃森老师说，"公园收垃圾的人不知道那些易拉罐是用来回收的，他直接把易拉罐和其他垃圾一起运到垃圾场了。"

"我就知道，"卢克说，"我们根本达不成目标！"

"别灰心！"瑞安说，"我们可以继续收集铝制易拉罐，就从我们的校园开始吧！"
"我有点担心，"卢克疑惑地说，"除非大家都带铝制易拉罐来学校。"

✧全世界每年使用铝制易拉罐约
200 000 000 000（2 000亿）个。

✧全世界一年的废纸回收量接近
300 000 000 000（3 000亿）千克。

管理员琼斯老师在走廊上放了一个大桶。
卢克在墙上贴了一张大海报。

沃森老师帮瑞安打印了一份传单，说明了
他们的目的。瑞安还在上面画了插图。

15

第二天，有几个同学带了一些铝制易拉罐来学校。放学后，瑞安、卡莉和卢克去查看大桶里的易拉罐数量。

他们把易拉罐整理好放进袋子里。现在，他们有了 5 个小袋子，还余下 6 个易拉罐。

卡莉在海报上写上"56"。"我们需要更多同学的帮助。"她说。

卡莉、卢克和瑞安获得许可去各个班级宣传，号召大家都来帮忙。卡莉为此忙了一个晚上，所以她准备得很充分。

全球每年可回收利用超过 10 000 000 000（100亿）个铝制易拉罐。

我们一定能做到！

首次地球日庆祝活动在1970年4月22日举办。大约有 20 000 000（2千万）人参加。

18

放学后，瑞安、卡莉和卢克去了附近的所有公园和球场，把看到的铝制易拉罐都收集起来。

第二天一早，瑞安、卡莉和卢克把捡到的所有易拉罐都带到了学校。他们把易拉罐全部倒进了大桶里。

"快看，已经有这么多易拉罐了！"卡莉说，"我就知道，我们一定能成功的！"

课间休息时，他们开始数易拉罐。最后，他们装满了 6 个大袋子，3 个小袋子，还余下 5 个易拉罐。

卡莉把总数写到海报上。

沃森老师走了过来。"看来你们需要更大的袋子了，"她说，"我明天带一些过来。"

昨天我们收集到56个，现在一共是691个！

当瑞安、卡莉和卢克第二天再次去查看大桶时，易拉罐已经多到大桶装不下了。"最好请琼斯老师帮我们再找一些大桶来。"卡莉说。

现在，他们有 1 袋装有 1 000 个的，4 袋装有 100 个的，8 袋装有 10 个的，还余下 3 个易拉罐。

卡莉把总数写到了海报上。

瑞安、卡莉和卢克一直忙个不停。卢克在全校都
张贴了宣传单。到了星期六，"拯救地球"俱乐部的
成员们在附近挨家挨户地敲门。他们给大家分发瑞安
设计的宣传单，并且准备了收集空易拉罐的大袋子。

回收一个铝制易拉罐所节省的能源足以让一个100瓦的灯泡发光约3.5小时。

25

26

星期一的早上，瑞安、卡莉和卢克已经没法往大桶里放新的易拉罐了，因为大桶全部装满了。

　　课间休息时，他们开始数易拉罐。直到课间休息结束，他们还没数完。沃森老师说他们可以不上今天的拼写课，先把这些易拉罐数完。

　　"你本来还认为这不是个好主意呢。"卡莉调侃卢克。

他们终于数完了全部易拉罐。现在一共有 2 袋装有 1 000 个的，
8 袋装有 100 个的，5 袋装有 10 个的，还余下 2 个易拉罐。

卢克把总数写在海报上。"我们做到了！"他大喊道。

放学后，沃森老师带着收集来的全部易拉罐去了回收中心。
星期六的早上，她开车带着卡莉、卢克和瑞安一起去了苗圃，
每个人都挑选了自己最喜欢的花。

关爱地球 保护空气

种下一棵树

那天下午，全班同学都去吉罗伊公园参加地球日庆祝活动。
他们做的第一件事就是在公园入口处栽上美丽的花儿。
公园看起来非常美，而且一丁点儿垃圾也没有。

31

写给家长和孩子

　　《地球日，万岁》中所涉及的数学概念是位值。理解位值是孩子掌握较大数值的一个重要步骤。当孩子们开始用多位数进行计算时，了解 1、10、100 和 1 000 之间的关系是非常关键的。

　　对于《地球日，万岁》 中所呈现的数学概念，如果你们想从中获得更多乐趣，有以下几条建议：

　　1. 当你和孩子一起读故事时，指出这些铝制易拉罐是如何按 10 个、100 个、1 000 个为一组收集在一起的。与孩子讨论一下，为什么 10 个 1 等于 10，10 个 10 等于 100，10 个 100 等于 1 000。

　　2. 重新讲述这个故事，改变故事中易拉罐的数量。例如，告诉孩子书里的人物已经收集了 5 袋 100 个的，6 袋 10 个的，还有 3 个余下的易拉罐。让孩子写下数字，并记下每次收集的总数。

　　3. 写下一个 3 位数，让孩子画出一袋袋不同位值的易拉罐来表示这个数字。

　　4. 把数字 0 到 9 写在 10 个纸盘上。把盘子倒扣过来，让孩子选择其中的 4 个翻开来，问一些如下类型的问题："利用这 4 个数字你能组合出的最大数字是多少？""最小数字是多少？"

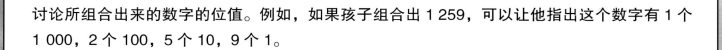

讨论所组合出来的数字的位值。例如，如果孩子组合出 1 259，可以让他指出这个数字有 1 个 1 000，2 个 100，5 个 10，9 个 1。

如果你想将本书中的数学概念扩展到孩子的日常生活中，可以参考以下这些游戏：

1. 回收利用：与孩子讨论哪些物品是可以回收的，如报纸或废弃的铝制易拉罐。为该回收物设定一个目标回收数量，比如 100 个铝制易拉罐或 100 份报纸。让孩子一边收集一边记录数量，并且算出还需要回收多少件物品才能达到目标。

2. 猜数字：在脑海里想一个位值上的数字各不相同的 3 位数，让孩子来猜这个数字。孩子给出猜测后，告诉他哪些数字是正确的，但是位值不对，哪些数字是正确的，位值也对。例如，如果数字是 384，而孩子猜的是 412，你就说："4 是正确的，但位值不对。"让孩子继续猜，直到他猜到正确答案。

洛克数学启蒙

《虫虫大游行》	比较
《超人麦迪》	比较轻重
《一双袜子》	配对
《马戏团里的形状》	认识形状
《虫虫爱跳舞》	方位
《宇宙无敌舰长》	立体图形
《手套不见了》	奇数和偶数
《跳跃的蜥蜴》	按群计数
《车上的动物们》	加法
《怪兽音乐椅》	减法

《小小消防员》	分类
《1、2、3，茄子》	数字排序
《酷炫100天》	认识1-100
《嘀嘀，小汽车来了》	认识规律
《最棒的假期》	收集数据
《时间到了》	认识时间
《大了还是小了》	数字比较
《会数数的奥马利》	计数
《全部加一倍》	倍数
《狂欢购物节》	巧算加法

《人人都有蓝莓派》	加法进位
《鲨鱼游泳训练营》	两位数减法
《跳跳猴的游行》	按群计数
《袋鼠专属任务》	乘法算式
《给我分一半》	认识对半平分
《开心嘉年华》	除法
《地球日，万岁》	位值
《起床出发了》	认识时间线
《打喷嚏的马》	预测
《谁猜得对》	估算

《我的比较好》	面积
《小胡椒大事记》	认识日历
《柠檬汁特卖》	条形统计图
《圣代冰激凌》	排列组合
《波莉的笔友》	公制单位
《自行车环行赛》	周长
《也许是开心果》	概率
《比零还少》	负数
《灰熊日报》	百分比
《比赛时间到》	时间